西安市科技局科普专项支持（项目编号：24KPZT0015）

U0660955

前沿科技科普丛书

有机农业

YOUJI NONGYE

前沿科技科普丛书编委会　编

西安电子科技大学出版社

图书在版编目（CIP）数据

有机农业 / 前沿科技科普丛书编委会编.— 西安：
西安电子科技大学出版社, 2023.11
（前沿科技科普丛书）
ISBN 978-7-5606-6805-5

Ⅰ.①有… Ⅱ.①前… Ⅲ.①有机农业—青少年读物
Ⅳ.①S-0

中国国家版本馆 CIP 数据核字(2023)第 033969 号

策　　划　邵汉平　穆文婷
责任编辑　邵汉平　穆文婷
出版发行　西安电子科技大学出版社(西安市太白南路 2 号)
电　　话　（029）88202421 88201467　　邮　　编　710071
网　　址　www.xduph.com　　　　电子邮箱　xdupfxb001@163.com
经　　销　新华书店
印刷单位　广东虎彩云印刷有限公司
版　　次　2023 年 11 月第 1 版　　2023 年 11 月第 1 次印刷
开　　本　787 毫米×960 毫米　　1/16　　印张　6
字　　数　100 千字
定　　价　26.80 元
ISBN　978-7-5606-6805-5/S
XDUP　7107001-1
*****如有印装问题可调换*****

前言

　　农业和我们的饮食健康息息相关。如今兴起的有机农业，不仅能解决农业生产中的一些问题，改善食品安全，而且有利于环境保护和生态平衡。那么，有机农业经历了怎样的发展之路呢？

　　本书主要讲述有机农业的相关知识，包括有机农业的起源、发展和现状，有机农业的原则、意义、特征、与传统农业的异同、认证目的等。此外，本书分类概述了有机农业的不同形式，比如有机粮食、有机蔬菜、有机果品、有机畜牧业等，还介绍了中国有机农业的发展及优势，并从生态平衡和环境保护的角度总结了有机农业对人类生活的重大意义，展望了有机农业的趋势与未来。

目录

什么是有机农业

俗话说"民以食为天"，中国自古以来就是一个农业大国，农业发展与国家稳定息息相关。有机农业是一种新型的农业生产方式，在中国农业发展中占据重要地位。

▲ 通过有机农业方式种植的蔬菜

有机农业的定义

生产中不使用化学合成的肥料、农药、生长调节剂和畜禽饲料添加剂，遵循自然规律和生态学原理，采用可持续发展的农业生产方式，即可称为"有机农业"。

有机农业与我们的生活

传统农业生产使用化肥、农药等化学品，破坏了土壤，对人类的身体有害。有机农业使得这种情况得到改善，有利于保护人类的身体健康，保护我们居住的家园。

▼ 收获有机蔬菜

定义差异

因为政治、经济、文化背景的差异，有机农业在各国的定义并不是完全相同的。比如美国认为，有机农业指完全不使用或基本不使用人工合成的肥料、农药等进行生产的农业体系。

有机农业的出现

　　中国历史源远流长,农业也在不断地发展。随着社会的日益变化,人们发现大众化常规农业生产方式存在着一些弊端,因此开始寻求更合理的农业生产方式,有机农业便进入了人们的视野。

▲ 准备喷洒农药

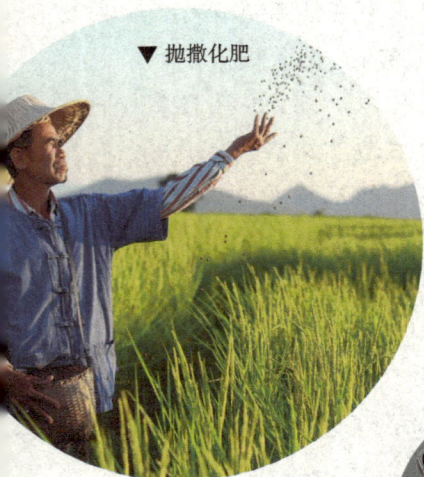

▼ 抛撒化肥

现代常规农业弊端

　　现代常规农业中,人们依靠化肥、农药等化学品来增加农作物产量,防治病虫害,但这样的生产方式对土壤和人们的生活环境造成了很大影响,也不利于人们的身体健康。

▶ 农业信息化

中国农业发展阶段

　　随着生产力水平的发展,中国农业经历了几个不同的发展阶段,分别是原始农业、传统农业和现代农业,目前正在朝着信息农业的方向发展。

▶ 拖拉机抛撒有机肥

有机农业先驱们

　　社会不断地向前发展,人们的生活水平逐渐提高,越来越多的人关注到身体健康问题。一部分人留意到有机农业在这方面的作用,专注有机农业研究,推动了有机农业的发展。

▼ 有机农业让人们生活得更好

有机农业的出现

1909年，美国农业部土地管理局局长富兰克林·H.金考察中国传统农业发展，发现其经久不衰的秘密，两年后出版了《四千年农夫》一书。英国植物病理学家阿尔伯特·霍华德在富兰克林·H.金研究的基础上，提出了有机农业。

▶ 拖拉机耕田

耕种方式的变化

随着农业的发展，中国的耕种方式也发生着变化。最初，人们将地上的草木砍倒烧成灰作为肥料，这种耕作方式被称为"刀耕火种"。后来人们发现了铁，炼制铁具用于农业生产，铁犁牛耕得到推广。

有机农业给生活带来的影响

有机农业的出现，使得更多人关注食物来源是否健康，同时关爱人类赖以生存的家园——地球母亲。

有机农业的发展

自1911年《四千年农夫》出版，有机农业开始得到关注，到现在已经过去一百多年了。在这漫长的时间里，人们的生活水平不断提高，有机农业也得到了发展。

有机农业的"奠基人"：阿尔伯特·霍华德

霍华德是英国植物病理学家，他受《四千年农夫》的影响，于1935年写成了《农业圣典》一书，提出了许多对有机农业影响重大的思想，为有机农业的发展奠定了基础。

▲ 阿尔伯特·霍华德

伊夫·鲍尔费夫人的实验推广

20世纪30年代，英国的伊夫·鲍尔费夫人和英国土壤学会首先对有机农业开展实验并加以推广。在她的推动下，1946年英国成立了"土壤协会"。

▲ 伊夫·鲍尔费夫人

国际有机农业运动联盟（简称IFOAM）

1972年，IFOAM成立于法国，由美国、法国、英国、瑞典和南非五个国家发起建立。目前IFOAM已经成为世界上范围最广泛、机构最庞大、地位最权威的国际有机农业组织。

利维是以色列第一个尝试有机农业的人。他发现没有喷洒农药的果园果子长得更好，于是有意识地在种植中停止使用农药。后来他尝试有机农业种植，取得了很好的成效，被以色列政府授予"有机农业之父"的称号。

罗代尔的亲身实践

20 世纪 40 年代，美国企业家罗代尔买下农场，开始有机农业种植。他的农场是世界上第一个有机农场。他还亲自从事有机园艺的研究，并创办了《有机园艺》杂志。

有机农业的发展历程

有机农业的发展并不是一帆风顺的。20 世纪 50 年代至 60 年代，全球有机农业遭受冲击，几乎处于停滞状态。直到 20 世纪 90 年代，有机农业才得到快速发展。

▼ 西红柿收割机将有机西红柿装载到拖车上

三个发展阶段

有机农业发展至今，一共经历了三个发展阶段：有机 1.0 时代，有机农业的启蒙阶段；有机 2.0 时代，有机农业的发展阶段；有机 3.0 时代，有机农业的平稳推进发展阶段。

有机 1.0 时代

这个阶段是有机农业的启蒙阶段。有机农业的先驱们反思现代常规农业的弊端，提出自己的观点和实践计划，成立了许多有机农业相关组织。

▼ 有机肉食加工厂

有机 2.0 时代

这个阶段是有机农业的发展阶段。许多国家和机构先后颁布有机农业相关法规和标准，推动有机农产品认证制度的建立和完善，促进了有机农业的发展。

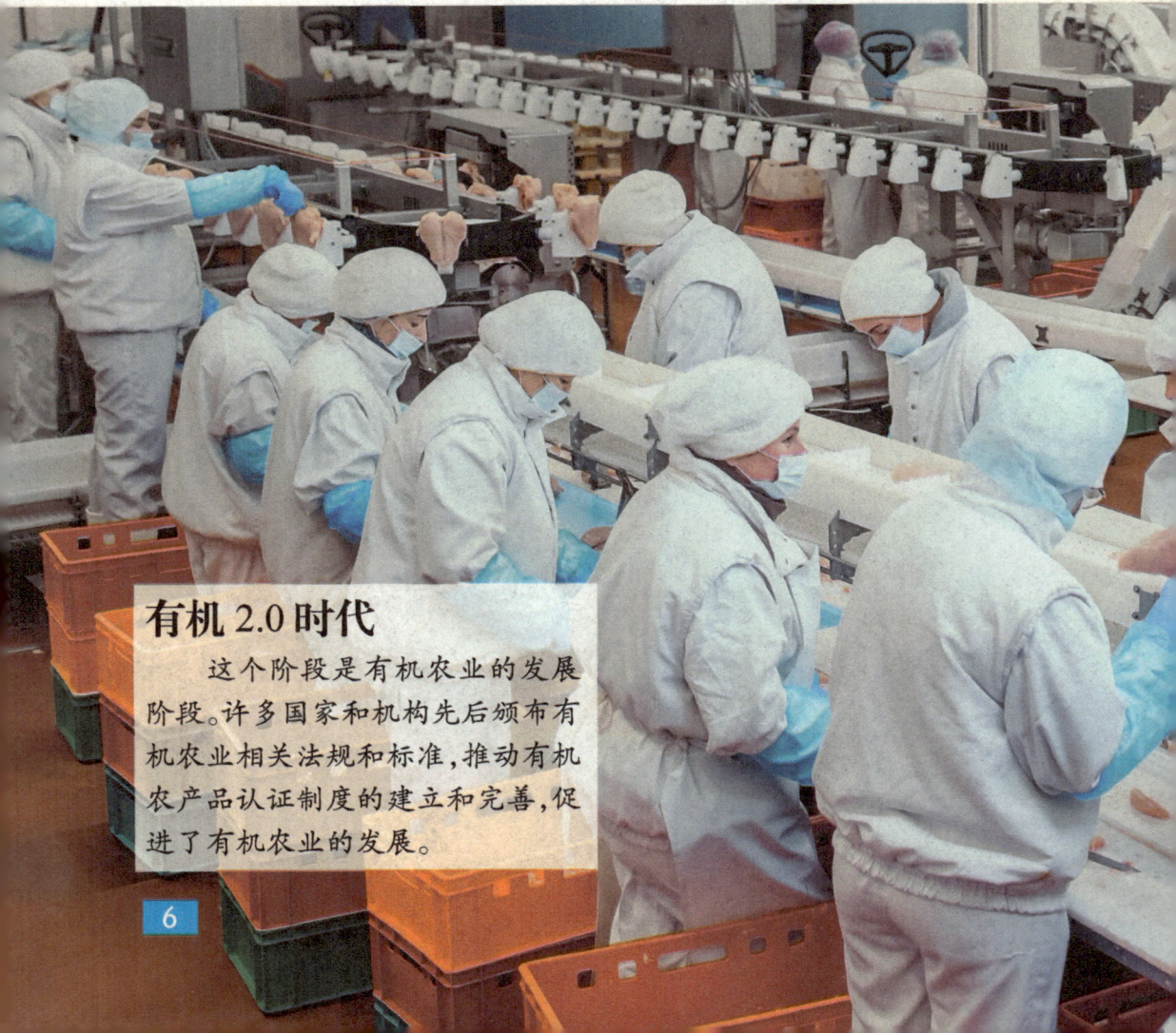

▲ 有机食品研究

有机 3.0 时代

这个阶段是有机农业的平稳推进发展阶段。发达国家有机农业持续发展，逐渐趋向平稳状态，部分发展中国家有机农业也出现了全新快速发展的势头。

▼ 有机果蔬

未来发展

全球有机农业发展朝气蓬勃，人们对食品安全的关注度和环保意识的提升，使得有机产品需求量大大增加。现今，有机农业在研究、生产、贸易上，都获得了前所未有的发展。

7

有机农业的现状

有机农业的关注度在全球范围内持续升温，随之出现了系统的有机农业年鉴。在《2021年世界有机农业概况与趋势预测》中，收集汇总了187个国家和地区有机农业的相关资料，展示了有机农业的发展现状。

有机农田面积

至2019年，世界有机农田面积约为7230万公顷（包括处于转换期的土地），与20世纪90年代末相比，增加了近6倍。有机农田面积占所有农田面积的1.5%。

▲ 有机农业生产者

《世界有机农业统计年鉴》

从2000年开始，瑞士有机农业研究所和国际有机农业运动联盟在瑞士联邦经济事务部和世界贸易中心的支持下，长期坚持联合编写《世界有机农业统计年鉴》，到2021年已经出版了22本。每一本年鉴都详细介绍了该年度世界有机产业发展的现状和趋势，这一系列图书得到了世界的肯定和认可。

有机农业生产者

2019年，有180多个国家和地区开展有机农业生产，有机农业生产者达到310万人，较2018年增加了13%。其中，51%的有机农业生产者分布于亚洲地区。

▼ 刚采摘的有机南瓜

▲ 有机农田

有机农业市场

2019 年全球有机食品和饮料的销售额超过 1060 亿欧元,北美洲和欧洲是有机食品的主要消费市场。近十年美国有机农业市场拓展了两倍多,亚洲的有机农业市场也在不断扩大。

▲ 销售有机农产品

有机农业标准

2019 年有 84 个国家制定了有机产品标准,17 个国家起草了相关法案。有机农业相关的标准、法规、政策等的制定和实施,推进了有机农业的发展。

▼ 有机农产品

有机农业的原则

　　有机农业的发展需要遵循一定的原则，才能呈现良好的发展趋势。2005年，国际有机农业运动联盟全球大会通过了有机农业的四项原则：健康、生态、公平、关爱。

健康原则

　　有机农业的发展是为了给我们提供更好、更绿色环保的食物，保障我们的健康。地球上的动植物与人的健康息息相关，有机农业应保持和增强土壤、植物、动物和人类的整体健康。

◀ 有机农业能为我们提供更健康的食品

生态原则

　　动物和植物在适宜的环境中才能茁壮成长，农业的种植也需要适宜的生态环境。有机农业要求关注生态平衡，模仿和维护原有的生态系统。

有机农业的目标

　　有机农业的目标是稳定、持续地生产优质安全的农产品，最重要的是必须保证土壤生态系统的健康和稳定。为了实现这个目标，人们在有机农产品生产和加工的过程中需要遵循许多原则。

公平原则

人类生活需要一个公平的环境,有机农业发展也需要注意公平这一问题,应建立起能确保公平享受公共资源和生存机遇的各种关系。

▲ 超市里的有机食品

关爱原则

地球是我们生活的家园。我们生活在地球上,不仅需要关注当下的生活,也需要为未来的人提供一个良好的生态环境。有机农业要保护当代和后代的健康、福利和环境。

有机农业四项原则的关系

健康、生态、公平、关爱这四项原则之间并不是相互孤立的,而是作为一个整体来运用,它们共同推动世界有机农业不断发展。

11

有机农业的意义

新事物出现，总有其存在的意义。有机农业作为一种新兴的农业生产方式，对保护生态环境、保障食品安全、改善饮食习惯、促进经济发展都有重要的影响。

保护生态环境

土壤中蕴藏着地球上约四分之一的生物。然而，全球的土壤每年都在退化，使得地球生物的多样性被削减。有机农业提倡保护土壤，这有利于保护生物多样性，保护生态环境。

人类温饱问题

有机农业对人类的生存发展具有重要意义。解决温饱问题一直是世界农业发展的迫切任务，据有关国际组织统计，每天约有7.5亿人在挨饿。因此，目前以高产为主导发展方向的农业生产，需要在满足数量安全的同时，不断提升农产品的品质与营养，有机农业显然是很好的发展方向之一。

▲ 土壤是人类生存的根基

保障食品安全

近些年，许多食品安全问题被曝光。现代常规农业中大量使用农药，导致农药残留对人体造成负担。而有机农业不使用农药，产品品质更好，更适合人类食用。

改善饮食习惯

随着现代社会的发展，人们对饮食的要求不断提高。有机农业使得蔬菜、水果等有机食品不断面世，满足了人们对高质量食物的需求，有机食品正逐渐改善着人们的健康饮食习惯。

促进经济发展

有机农业生产出的有机食品还可以给农民带来更多的收益。农民选择从事有机农业生产，出售更高品质的有机食品，更受市场欢迎。

▶ 有机蛋鸡养殖

世界典范

中国用占全世界约 7% 的耕地，养活了世界21.5%的人口，是因为我们具有传统农业和现代农业结合的独特优势。在"天人合一"的哲学思想指导下，有机农业凝聚了我国传统农耕文明和现代农业的智慧结晶。如今，中国的农业生产模式，也逐渐成为解决人多地少国家温饱问题的世界典范。

有机农业的特征

有机农业有着深刻的内在含义，即强调生态平衡和人的健康。作为一种农业模式，有机农业具有其自身的特征。

遵循自然规律

作物需要适宜的土壤、温度、湿度，才能茁壮成长。发展有机农业更需要遵循自然规律，给作物提供适宜的生长环境，才能生产出高质量的农产品。

▼ 间作

▼ 联合国粮农组织罗马总部

联合国粮食及农业组织（FAO）

1945 年 10 月 16 日正式成立的联合国粮食及农业组织，简称"粮农组织"。该组织是第二次世界大战之后由美国总统罗斯福倡议创建的，有 45 个创始成员国。中国是该组织的成员国之一。

该组织对有机农业的定义：有机农业是依靠生态系统管理而不是依靠外来农业投入的系统。

生产与自然融合

有机农业实行有机种植，在种植之前需要密切关注当地环境，用符合当地情况的方式进行轮作种植，适时进行土壤耕作，利用多种方法来避免和预防病虫害。

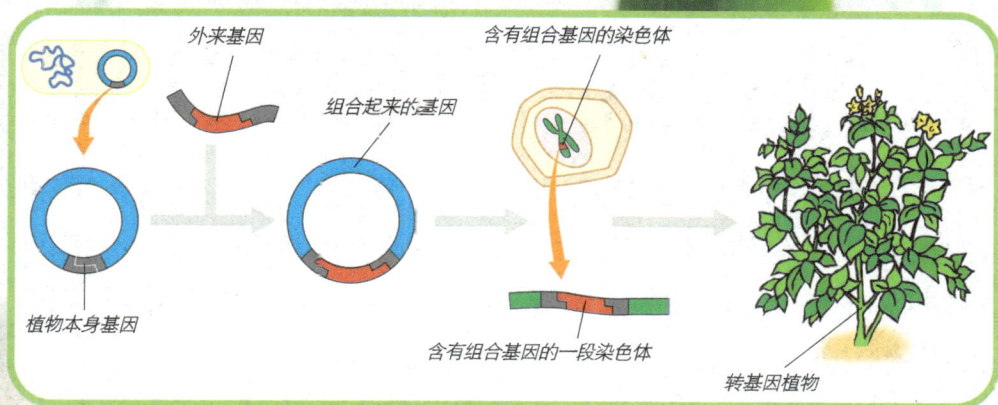

外来基因

含有组合基因的染色体

组合起来的基因

植物本身基因

含有组合基因的一段染色体

转基因植物

▲ 转基因植物示意图

禁止基因工程

　　基因工程是指人为地将一种物种的基因转入另一物种的基因中。基因工程不是在自然环境下进行的，培育出来的基因工程食品安全性尚不确定。因此，有机农业禁止基因工程的介入。

转基因技术和有机农业可以共存吗？

　　有机农业虽然禁止基因工程介入，但是基因工程和有机农业并非不能共存。基因工程和有机农业都可以造福人类，不过显而易见，这两者分别代表了农业发展的两个方向。比如美国加利福尼亚大学戴维斯分校的拉乌尔·亚当查克和帕梅拉·罗纳德夫妇，虽然他们一个研究有机农业，一个研究转基因，但他们认为，二者并不冲突，他们所支持的领域都是可持续发展的。

▼ 有机奶牛养殖

禁止人工化学物质

　　人工合成的化学农药、化肥、生长调节剂和饲料添加剂等人工化学物质，对土壤的长期利用、环境的可持续发展有一定的影响，因此有机农业禁止使用人工化学物质。

15

有机农业与传统农业

　　在漫长的农业发展历程中，中国人拥有长久积累下的种植经验。有机农业的起源可以追溯到传统农业，传统农业对有机农业的发展极具借鉴意义。但有机农业并不等同于传统农业，二者有着明显的区别。

▲ 宋朝百姓用水磨来给谷物脱壳

发展阶段不同

　　传统农业出现在农业发展的较早时期，其生产力水平较低；有机农业是现代农业的一种类型，是在科技进步和工业水平发达这一阶段出现的新型农业生产模式。

▲ 农民用牛耕田

科学基础不同

　　传统农业的科学技术不发达，耕种主要依靠人力、畜力，没有先进的农业生产工具；有机农业的科学技术较发达，生产力水平较高，生产工具较先进。

▼ 农民用挖沟机种生姜

常规农业

　　常规农业也称石油农业、工业农业，是由传统农业发展演变而来的，在目前世界农业发展中仍然占据主导地位。所谓常规农业，是以集约化、机械化、化学化、商品化为特点的农业生产体系。一方面常规农业为人类提供大量农副产品，另一方面常规农业也使人们赖以生存的资源环境受到极大挑战，比如土壤退化、能源危机、食品安全等。

◀ 用联合收割机收小麦，大大减轻了农民的劳动强度

传统农业与有机农业的关系
　　传统农业是有机农业发展的基础，而有机农业是现代生产技术和管理技术以及新理论支持下传统农业的升级。

▶ 机器人摘葡萄

生产条件不同

　　传统农业往往使用传统的农具，效率低下，产能不高；有机农业利用更先进的劳动生产工具和科学技术，特别是采用现代管理技术，使生产效率有了大幅的提高。

▼ 技术人员正在观察并记录有机玉米的生长情况

▲ 传统农业收割大都依靠人力

理念不同

　　传统农业没有什么明确的经营理念，主要是农民自给自足；有机农业在遵循自然规律和生态学原理的基础上，为人类提供健康安全的有机食品。

17

有机农业基地

开展有机产品的生产前，必须选择适宜的基地。并不是所有环境都适合种植有机产品。有机农业基地需要具备良好的生态环境，在生产过程中也要保持良好的生态环境。

健康的生态

有机农业生产基地对环境的要求比较高，生产基地的选择应该避开繁华的都市、工业区和交通要道，而且周围不能有污染源，要远离污染物质和有害气体排放区。

有机农业基地环境质量调查

在建设有机农业基地之前，需要对环境质量进行调查，为基地建设提供依据。调查项目共有14项，分别是污染源、空气质量、水质、土壤、肥料、植物保护、农用塑料残膜、农用废弃物、作物物种、土地资源利用、气候资源、隔离带、生物多样性、产地的地块。研究人员要对以上调查内容进行分析，才能知道该地区是否适合建立有机农业生产基地。

肥沃的土壤

有机农业生产中要求不使用农药、化肥等化学物品，但农作物的生长又离不开营养供给，因此有机农业对土壤的要求比较高，比如，要考虑土壤主要元素含量、腐殖质含量、通透性、保肥性等。

▶ 对有机农业的土壤进行检测

▶ 对有机农业的水质进行检测

清洁的水源

有机农业基地周围需要有清洁的水源，以满足作物生长的要求和保持水中生物的多样性。因此，在选择有机农业基地时，须注意水源及其周围要无污染源。

充足的劳动力

有机农作物的种植需要人们付出辛勤劳动，而经营大规模的有机农业基地则要有足够的劳动力资源。因此，劳动力是否充足也是建立有机农业基地必须重视的一个因素。

有机种苗

高质量有机农产品的培育,离不开优质的有机种苗。有机种苗指通过有机农业种植方法培育出的符合有机农业生产标准的种苗。

有机种苗的特点

有机种苗要求健康安全、品质优良,还要符合有机农业生产的需要,不能是转基因品种。

有机种苗的分类

有机种苗的数量很多,根据有机农业所包含的生产行业可分为两大类,即有机种植业种苗和有机养殖业种苗,这两类种苗还可以继续细分。

▲ 有机养殖业种苗

▼ 有机豆类的生长过程

有机种苗的选择

要根据有机农业基地的土壤和气候条件，结合当地实际情况，选择适合的有机种苗。种苗选育须遵循以下原则：选择有机生产方式培育出来的种苗；经过相关机构认证；满足国家对有机种苗的相关规定。

▲ 选择适合的有机种苗

常规种子能用于有机农业生产吗?
部分常规种子可以用于有机农业生产。在当地市场无法购买有机种子时，也可以选用符合有机农业使用要求的常规种子。

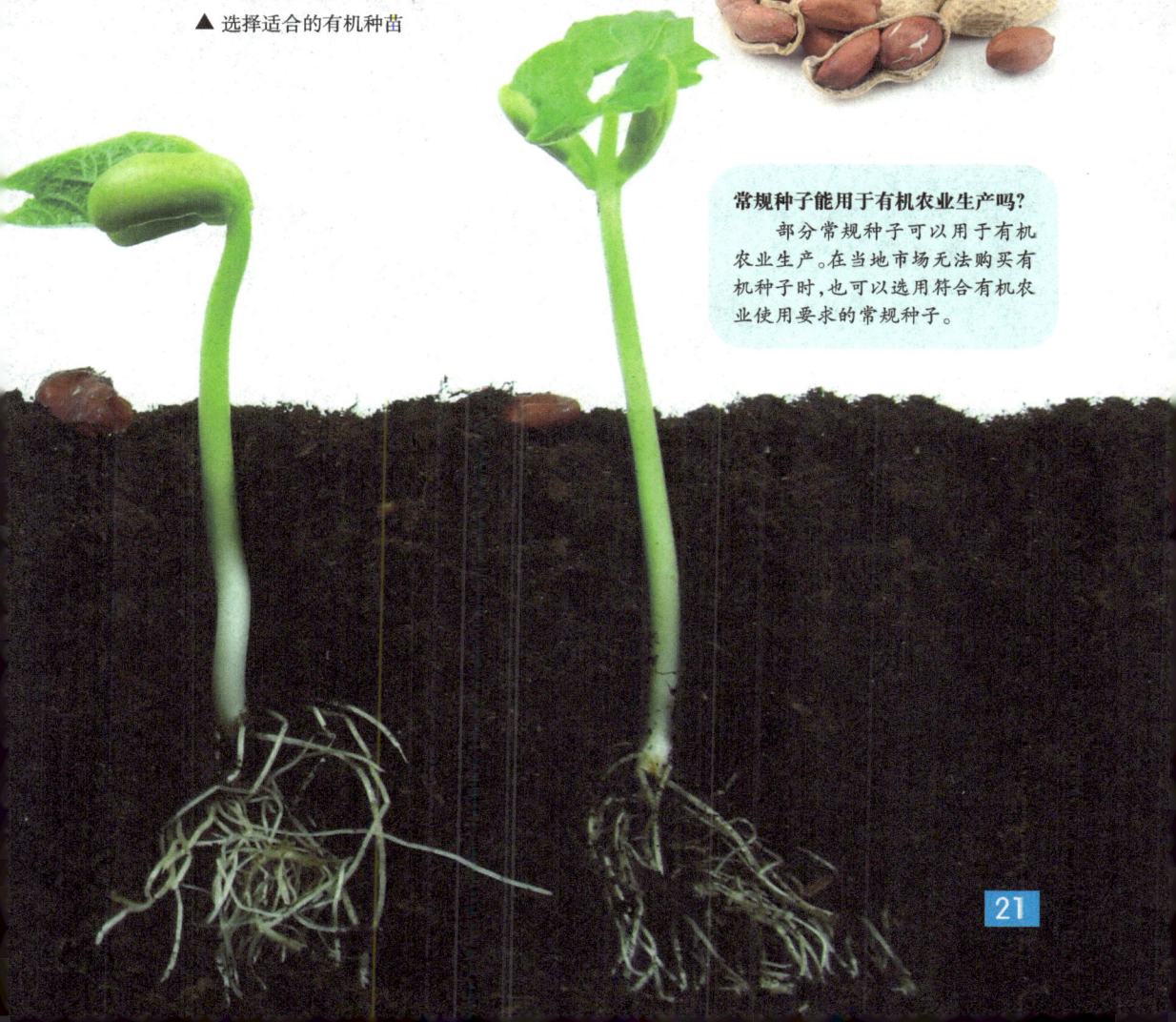

▲ 农民将干鸡粪制成的有机肥料撒在玉米地里

有机肥料

　　施肥环节是有机农业种植中一个关键的环节，有机肥料是主要选用的肥料之一。有机肥料，也被称为"农家肥料"，指以有机物质构成的肥料。

厕肥

　　厕，指人们用来圈养家畜的地方。厕肥也称为"圈肥"，指家畜的粪便和尿液、厕中堆放的褥草、残留的饲料等混合堆积在一起而形成的肥料。

▲ 动物粪便

有机肥料的分类

　　有机肥料种类繁多，来源也很广泛。其按照来源、特性和堆制方法可分为四类，分别是粪尿肥、堆沤肥、绿肥和杂肥。

泥炭

粪尿肥

白云石石灰

木灰

家禽垃圾

有机肥料

骨粉

绿肥

蚯蚓粪

混合肥料

腐泥堆肥

▲ 有机肥料的种类

有机肥料的作用

　　在有机农业生产中，有机肥料起着重要的作用。有机肥料进入土壤，可以增加土壤的肥力。同时，有机肥料中含有丰富的有机物和各种营养元素，能使农作物增加产量，提高品质。

▲ 有机肥料可以增加土壤的肥力

有机肥料的使用

　　有机肥料富含有机物质和营养元素，但也存在一些对农作物生长不利的因素，如病毒、寄生虫卵等。因此，在使用之前，需要对有机肥料进行无害化处理。

▲ 有机肥料须经过无害化处理才能使用

有机肥料施肥注意事项

　　由于有机肥料的来源很多，其功能差异性也较大，因此使用有机肥料时，要讲究科学方法，不能盲目施肥，需要根据土壤、气候、农作物生长习性来选用不同的有机肥料。有机肥料也不是使用越多效果越好，需要根据情况适量使用。

▶ 过度使用有机肥料导致蓝绿藻大量繁殖

有机肥料无害化处理的方法

　　有机肥料无害化处理的方法很多，主要有通过暴晒和高温处理的物理方法，通过化学物质去除有害物质的化学方法，以及通过微生物代谢活动处理的生物方法。

23

科学使用农药

有机农业完全不使用农药吗？当然没有那么简单！有机农业是在种植过程中禁止使用化学合成农药，而不是不能使用农药。因此，有些不添加化学成分的农药是可以使用的。

▼ 农药能杀死害虫，也会对人类的健康造成威胁

有机农药

有机农药利用生物活体或其代谢的产物对有害生物进行防治，现在市面上大多数农药是有机农药。但是，有机农药并不都能在有机农业中使用。

农药类型

有机农业中使用的农药种类繁多，按来源可分为两大类：一类为生物源农药，包括微生物源农药、动物源农药和植物源农药；另一类为矿物源农药，如铜制剂农药、硫制剂农药等。需要注意的是，矿物源农药的制备和使用必须符合有机农业的标准和规范。

▼ 选择农药

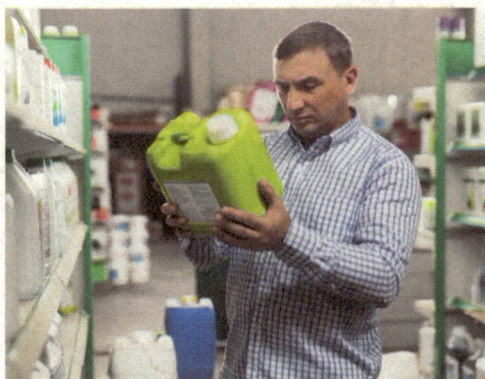

◀ 拖拉机在田地里喷洒农药

使用要求

　　有机农业中禁止使用化学合成的农药，可以在需要时使用获得有机认证机构认可的农药，而且农药厂家必须提供相关证明材料。

使用方法

　　农药的种类多，使用的方法也比较多，主要有喷雾法、喷粉法、撒粒法等。使用农药时，工作人员需要根据受药对象的生长规律、药剂的性质和环境条件来选择适当的方法。

▶ 采集稻田水样来测试农药含量

有机农药安全吗?

　　农药是否安全，关键在于能否合理使用和监控残留量。有机农药具有毒性，也会有残留。农药的不合理使用和监管不严会导致蔬菜、水果中农药残留超标，因此蔬菜、水果都需要清洗干净才能食用，否则可能会对人的健康造成威胁。

◀ 正在喷洒农药的小型飞机

兽药残留

　　有机农业在蔬菜、水果的生产过程中，需要使用不添加化学成分的农药。在畜牧业和养殖业的生产中，也应根据需要使用一些特定的兽药，但使用不当可能会导致兽药残留。

▼ 准备给牛注射兽药

有机动物中常见的兽药残留

　　兽药残留指动物使用兽药之后，体内残留下与兽药有关的杂质。兽药残留是有机养殖中常见的污染之一，也是影响动物食品安全的重要因素。

▲ 兽医和羊群

兽药

　　兽药也称兽物用药或动物用药，指用于预防、治疗、诊断动物疾病或有目的地调节动物生理机能的物质。兽药的生产和销售必须遵守一定的规范和标准。

兽药残留的原因

造成兽药残留最重要的原因，在于兽药使用不当。有些黑心商人为谋取利益，使用一些被禁用的兽药，或者出售未过休药期的动物商品，这些行为都会导致兽药残留。

休药期

休药期也叫消除期，是指从停止给动物使用兽药到许可动物的肉、蛋、乳等相关产品上市销售的时间。药物法定的休药期一般是由《中国兽药典》或兽药生产管理机构规定的。未过休药期就生产和销售的动物商品中残留的兽药，会对消费者的身体健康造成危害。

兽药残留的危害性

某些被禁止使用的兽药和滥用兽药等导致的兽药残留，会对人们的生命安全造成威胁，如青霉素类药物可能引起过敏反应，磺胺类药物会破坏人的造血系统。

▲ 质检人员对肉类食品中的兽药残留进行检查

土壤培肥

土壤培肥指人们运用农业技术措施培育土壤耕层，提升土壤的肥力。土壤在有机农业生产中占据重要的地位，土壤培肥不仅可以改善土壤环境，增加经济效益，还可以维持生态平衡，有助于人们建设美好家园。

◀ 蚯蚓是土壤肥力的转化师，能反映土壤质量的好坏

根据有机肥特性进行施肥

施肥是增加土壤养分最有效的手段。不同类型的有机肥有不同的性质和特点，正确认识各种有机肥，耕作者才能因地制宜地施肥，保持和增加土壤肥力，不破坏土壤的生态平衡。

▼ 豆科植物的土壤成分

根据土壤性质合理施肥

有机农作物的生长受到土壤性质中各个因素的影响，如温度、湿度、水分、酸碱度等。不同的土壤，性质各不相同，根据土壤性质合理施肥，才能更好地培肥。

根据作物种类及生长规律进行培肥

不同的作物对营养物质的需求不同,同样的作物在不同生长时期对养分的需求也不同。耕作者需要根据农作物的特性施肥,有机肥的效果才更好,才有利于增加土壤肥力。

▲ 拖拉机在农田里撒有机粪

合理耕种,提高土壤肥力

在同一块土地上连续不断地耕种同一作物被称为连作,连作不利于土壤培肥。有机农业强调以轮作复种和间作套种的方法来增加作物的多样性,保持土壤肥力,为作物提供良好的生长环境。

间作套种

间作套种是一种农业生产模式,即在同一块土地上按照一定的间距来套植不同的作物。间作套种汇集了我国农民的传统经验和智慧,可以更加合理地利用土地空间,增加经济效益。

▼ 玉米和豆类作物间作套种

轮作复种

轮作复种是耕种类型之一,即在同一块土地上每年或每个季度轮换种植不同的作物,通常在一年里会收获两次以上的作物。

植物保护原则

　　植物保护指防治和消除病、虫、鸟、兽、杂草等对农林植物的危害，使得植物能够正常地生长发育。可持续的植物保护是有机农业病虫害防治的核心，需要遵循一定的原则。

环境保护

　　有机农业必须选择没有化学合成成分，不会对环境造成负担的化肥、农药。有机农业坚持生产更加营养健康的有机食品，在提高人们生活水平的同时，保护和改善环境，保持生态平衡。

▲ 防鸟网可以阻挡啄食苹果的鸟类

规范操作

有机农作物种植过程中,需要严格按照要求选用农药、化肥等产品,同时在使用这些产品时,需要规范操作,确保使用效果和安全性。

综合治理

有机农作物种植初期,需要综合利用各种非化学措施,如生物、物理和农业措施,对有机农作物进行全方面的预防、治理和保护;到后期,再按有机农业相关规定,使用特定产品防治病虫害。

▲ 农民给有机西红柿秧苗喷洒符合规定的农药

▲ 选种苗

全程监控的理念

在有机农业生产过程中,选用的种苗、农药、肥料等都会对作物的生长产生影响,而全程监控可以及时发现和解决有机农业生产过程中的问题,切实实现有机农业的植物保护。

有机农业植物保护的重要性

有机农业植物保护,在有机农业发展中具有关键作用。有机农业植物保护不仅包括对种植和栽种环境的保护,还包括对生物多样性的保护,可以调节动物、植物和人类赖以生存的环境之间的关系。

◄ 全程监控

植物保护技术措施

有机农业植物保护技术措施主要有四种，分别是病害防治技术、虫害防治技术、草害防治技术、农业耕种技术。

▲ 对土壤成分进行检测

病害防治技术

在种植有机农作物之前，需要对种子、土壤进行检测，尽可能避免病原菌危害农作物。此外，还需明确哪些病害防治物质可以使用，以便为作物提供良好的环境。

▼ 草蛉幼虫捕食蚜虫

虫害防治技术

有机农业的虫害防治技术主要有两类：一是生物防治，即利用虫害天敌来保护植物；二是虫害防护物质，即使用符合标准的虫害防护物质来保护作物苗壮生长。

▲ 合理的轮作可以恢复和提高土壤肥力

草害防治技术

　　有机农业的草害防治主要是采用物理技术和农业技术，并借助绿肥种植、合理轮作等栽培技术，对种植区域的杂草进行有效控制。草害防治技术不包括秸秆焚烧。

农业耕种技术

　　采取科学的农业耕种技术能为有机农作物生长提供切实保护。有机农作物的培肥可以提高土壤肥力，促进作物健康生长。

▼ 拖拉机翻耕和绿肥养地使土地更高产

植物病害

植物病害的发生是寄主植物与病原在一定条件下相互作用的结果，植物会在生理、组织结构和外部形态上发生病理变化。病原是能够引起疾病的微生物、寄生虫等的统称。植物病害会影响有机农作物的生长。

▲ 小麦黑霉病

植物病害的分类

植物病害的分类方法有很多：按照植物的种类进行分类，如玉米病害；按照植物生病的部位进行分类，如叶部病害；按照植物的成长阶段进行分类，如幼苗病害；等等。

▲ 玉米病害

▲ 叶部病害

▲ 幼苗病害

植物病害的病原

植物病害的病原可以分为两类：一类是非生物病原，也被称为非传染性病原，如缺水或水过多；另一类是生物病原，也被称为传染性病原，如真菌。

病原物的越冬和越夏

所谓越冬和越夏，通常指病原物在特定场所度过对其生存不利的冬季或夏季的过程。病原物会采取一定的方式藏在某些特定场所，例如土壤或种子中；等到春季或秋季，继续开始病害的传播。

▶ 雨水传播病原物
导致西瓜底部腐烂

病原物的传播方式

病原物需要传播到植物身上才能引发病害。病原物的传播方式有多种。风力传播，也称为气流传播，指病原物通过风受传播。风力传播的距离较远，范围比较大。普通的传播方式还有雨水传播、害虫传播、人为传播。人为传播往往是人们在农事活动中不自觉、无意识地帮助了病原物传播。

植物病害的三角关系

病原、植物和外部环境是病害发生必不可少的条件，它们三者的关系被称为植物病害的三角关系。

植物病害的症状

植物病害的症状指植物生病后不太正常的表现。一旦植物发生病害，就会呈现出一定的症状，有的症状比较明显，有的症状则不明显。

▲ 西红柿表面因病害产生的条条疤痕

▼ 病害导致向日葵枯萎

35

植物病害的防治

　　植物病害的防治指通过人为干预，采取各种有效措施来减少病原物的数量，使得植物病害得到控制。植物病害的防治是有机农业植物保护中的一个重要环节，对有机农业发展起着重大作用。

▲ 马铃薯和洋葱间种

建立稳定平衡的生态系统

　　有机农业在种植的过程中，物种的多样性更能增强作物的抗病性。选择适宜的地理条件与合理的种植结构，利用作物品种多样性，可以构建较为稳定平衡的生态系统。

选择无病的种子、种苗

　　在选择种子、种苗时，不能使用基因工程品种，需要尽量使用抗病品种，而且要选择无病的种子、种苗，或者对种子、种苗进行消毒处理，以使种子、种苗不携带病原物。

▶ 种苗

▲ 金龟子幼虫啃食马铃薯

控制土传病害

病原物可以在土壤中存活一段时间。土壤是传播病害的重要场所，可以通过处理土壤、合理轮作来控制土壤传播病害。

▲ 用小铲撒木材燃烧的灰烬（此灰烬作为无毒的有机驱虫剂），使害虫脱水

▼ 喷洒植物源农药

重茬病

重茬病，也称为连作障碍，是长期在同一块土地上播种同样的作物导致的。同样的作物需要的营养成分是一样的，长期种植同样的作物，会造成土壤中某些营养物质的缺少，不利于作物的成长。有的作物根部还会分泌一些有毒物质，长期种植同样的作物会导致土壤中的毒性不断累积，从而抑制作物根系生长。

使用适当的农药或药物

在有机产品的生产中，可以适当使用一些符合标准的植物源农药和矿物源农药来对抗病害。但是，在使用的过程中需要十分谨慎，并控制好药量。

37

植物虫害的防治

　　造成作物危害和经济损失的虫害,大都是由节肢动物门昆虫纲的动物(昆虫)引起的。有机农业中对这些昆虫的防治有一定的技巧,这已成为一门学问。

夜蛾幼虫啃食嫩叶

害虫监测

　　有机农业中,并不是一出现害虫就要杀死,而是在害虫达到一定的数量,会危害作物的产量时人们才进行干涉。有机农业虫害防治需要监测害虫的种群数量,根据监测情况采取措施。

▲农业科学家用放大镜检查甜菜叶子,对害虫的种群数量作记录

环境调控

　　在有机农业的生产过程中,当外部环境适宜害虫生长时,害虫就会大量繁殖生长。人们可以通过对外部环境的调控来控制害虫的数量。

▼人们用智能设备来监测水稻种植现场,以控制产量、害虫和有毒污染物

蜗牛吃卷心

生物链

　　自然界中各种生物之间存在一种吃与被吃的链条关系，也就是所谓的"一物降一物"。简而言之，植物为昆虫提供食物，昆虫又会成为鸟的食物，而当鸟的粪便和尸体回归土壤后，又会成为植物的养分。在农作物病害防治过程中，切断生物链是比较常见的防治方式。

▲ 生物链

煙草角虫啃食西红柿

▲ 用信息素黄色粘虫板捕杀害虫

诱集和驱避

　　为了生存，害虫会对环境中的某些条件产生反应，比如，受到灯光、气味等的吸引，聚集在某一处。这便于人们集中消灭害虫。而有些气味、物质，还可以让害虫远离作物。

▼ 七星瓢虫吃蚜虫

▲ 萤火虫幼虫吃蜗牛

生物防治

　　自然界中害虫的天敌可以很好地对抗害虫。有机农业种植中也可以利用害虫的天敌来抵御害虫的侵扰，比如，为害虫的天敌提供更适宜的生长环境，或者人工繁殖害虫天敌。

红蜘蛛吃草莓的嫩叶

有机粮食生产

有机种植业包括粮食、蔬菜和水果的生产。有机粮食是有机种植业中重要的一部分。粮食包括水稻、小麦、玉米、大豆等。有机粮食的生产技术，深刻体现了有机农业的原则，如健康原则、生态原则等。

▲ 收割机正在收割有机玉米

产地要求

有机农业粮食种植产地方圆5千米内不能有污染源，在种植的前一年不能被施化学肥料，土壤中需要富含有机质，交通条件也要便利。

品种选择

有机农业种植中会使用精心挑选的种子。这些种子能更好地适应当地的环境，并且具有较强的抵抗病虫害的能力，也更易储存。

▶ 拖拉机在田地里喷洒沼气肥

底肥

底肥也叫基肥，指在播种或移栽之前施用在地里的肥料。底肥可以改良土壤的肥力，为作物生长提供所需的基础养分和良好的生长环境。底肥的种类繁多，主要有堆肥、沤肥、厩肥、沼气肥、绿肥等。

培育壮秧

在有机农业的粮食种植中,不仅需要选择品质较高的种子,而且需要对种子进行一系列的处理,如晒种、消毒、育秧等,才能进行播种。

▲ 晒种

▶ 给种子消毒

大田耕整

大田耕整的基本要求是平整田面,需要对田间的杂草、前一波种植的作物残留进行处理,然后通过耕耙等方式使土壤松软。较高质量的大田耕整可以提高幼苗的存活率,有利于幼苗的生长。

▼ 大田耕整

栽培技术

在有机农业粮食种植的过程中,栽培技术对粮食产量的影响也较大。对于稻谷种植来说,栽培技术包括大田耕整、施好施足底肥、移栽、大田管理、病虫害防治等。

有机蔬菜

我国有机蔬菜种类繁多，不同有机蔬菜的生产技术有所不同。尽管生产技术存在差异，但在产地要求、品种选择、种植制度、施肥管理等方面，各类有机蔬菜有统一的要求和标准。

▲ 测试土壤

产地要求

有机蔬菜种植基地附近不能有污染源，蔬菜的种植离不开优良的水质，不能使用污水进行灌溉，另外，还需要对当地的空气质量进行检测。水源、土壤、空气质量都必须符合有机蔬菜种植标准。

▶ 有机胡萝卜

品种选择

优良的品种对有机蔬菜种植非常重要，品种好的有机蔬菜可以更好地抵御病虫害的侵扰。有机蔬菜需要对种子进行严格筛选，畸形或被虫蛀的种子都会被淘汰。

种植制度

　　同一种有机蔬菜不能长期在同一块土地上种植，应该采用轮作、间作、套作等方式，合理科学、高效地种植，以提高有机蔬菜的产量和品质。

▲ 有机蔬菜间作

▶ 测试各种肥料

有机蔬菜与常规蔬菜的区别

　　有机蔬菜在栽培的过程中遵循作物生长的自然规律，不使用含有化学成分的化肥，营养成分较高。部分有机蔬菜还可以增强人的免疫力，减少人体患癌症、心脏病和心血管疾病的可能性。有机蔬菜由于生长周期长、口感较好，需要专业的人员指导生产，还需要经过专用机构认证，所以价格高于常规蔬菜。

▶ 有机芹菜

施肥管理

　　种植有机蔬菜需要纯天然、无化学成分的肥料，需要根据土壤自身的情况来施用底肥。在有机蔬菜生长期间，还应追肥。整个种植过程中，需要结合蔬菜品种合理施肥。

有机果品

有机果品,指根据有机农业原则和有机果品生产方式及标准进行生产、加工的水果。有机果品在生产技术上有着严格的要求,需要通过有机食品认证机构认证。

▶ 采摘甜瓜

产地要求

有机果品需要在适宜的环境里生长,需要远离城市、交通主干道、工业污染源、生活垃圾厂等。有机果品的种植基地与常规果品的生产区域之间要设置隔离带,以防常规果品生产对有机果品产生不利影响。

品种选择

有机果品的种苗需要经过严格的筛选,不能使用转基因种苗。在没有有机种苗的情况下,可选用未经禁用物质处理过的常规种苗。

▼ 草莓的生长过程

▶ 有机肥

施肥管理

为提高有机栽培果树的产量和质量，需要合理使用生物有机肥来维持和提升土壤肥力，同时避免过度施用有机肥而造成环境污染。

▲ 在樱桃树上用黄色粘虫板粘虫子

病虫草害防治

有机农业中果树的病虫草害防治需要综合运用各种措施，创造不利于病虫草害生长而利于其天敌繁衍的环境，以保持农业生态系统平衡，保护生物多样化。

有机果品质量不一

现实生活中，有机果品的生产者在果园的管理方式上存在差异，对有机果品的监管力度和监管体系不同，都会导致有机果品的质量不一。同样是获得有机产品认证的有机果品，在口感、营养价值上可能会有所不同。

45

有机畜牧业

　　有机畜牧业是一种遵循有机农业标准和原则的畜禽养殖方式。在畜禽养殖的过程中，不使用激素、抗生素、饲料添加剂和基因工程产物等物质，努力为动物创造良好的生长环境。

▲ 食用有机饲料的母鸡

饲养条件

　　有机畜牧业要求饲养环境空气流畅，自然光照充足，畜禽有足够的活动空间，保持适当的温度和湿度，有足够的饲料、饮水、垫料，不使用对人或畜禽健康有害的建筑材料和设备。

疾病防治

　　选择适应当地环境、抗性强的有机畜禽品种，采用轮牧方式，提供优质的饲料及保持适当的运动量来增强动物的免疫力，在合理的畜禽饲养密度下养殖动物。

有机畜禽养殖环境注意事项

　　有机畜禽养殖中，不能采取畜禽无法接触土地的笼养方式和完全的圈养、舍养、拴养等限制畜禽自然行为的饲养方式。养殖的过程中要减少动物焦虑、恐惧的心情，避免动物应激，充分考虑动物的心理需求。这样的养殖方式可大大改变现代畜禽业中畜禽繁殖力下降、寿命缩短、发病率升高等问题。

饲料要求

饲养有机畜禽时应使用有机饲料。饲料中至少应有一半来自本养殖场饲料种植基地或本地区有合作关系的有机农场。有机饲料供应短缺时,也可以使用符合要求的常规饲料。

畜禽品种要求

有机畜禽养殖应当尽量引入有机畜禽。当不能得到有机畜禽时,允许引入常规畜禽,但需要符合一定的要求,且引入的常规畜禽数量也有一定的限制。

▼ 用青草喂奶牛

保证动物福利

　　有机畜禽养殖的目标有两个：一是保证动物福利，二是保证畜禽产品是有机的。动物福利是有机畜牧业中动物饲养的基本要求。

动物福利是什么？

　　动物福利是1976年美国人修斯提出来的，简单来说，是指动物要在舒适、可以表达天性的环境中生活，不受饥渴、痛苦、伤痛、疾病等困扰。

▶ 饮水的牛羊

动物福利的基本要素

　　生理福利，不受饥渴；环境福利，生活舒适；卫生福利，不受疾病威胁，能及时获得治疗；行为福利，生存无恐惧和悲伤；心理福利，可以表达天性。

▲ 动物亲情

动物福利建立的前提

　　动物福利建立的前提是认为动物与人一样，也会拥有感觉、感情，也会恐惧和害怕。动物福利要求人们不让动物遭受不必要的痛苦，尽量以符合人道的方式对待动物。

动物福利法

　　针对不同种类的动物，动物福利法有不同的条款。依据国际标准，动物被分成了六类，分别是农场动物、实验动物、伴侣动物、工作动物、娱乐动物和野生动物。

世界动物保护协会

　　世界动物保护协会（WAP）于1981年在英国伦敦创立，致力于动物保护事业。目前全球有50多个国家加入了这一组织。世界动物保护协会提倡在世界范围提高动物的福利标准，推动全世界都来保护动物，还主张尽量避免农场动物遭受痛苦。

畜禽疾病防治

有机畜禽疾病的防治工作,对有机畜牧业的发展有着重要的作用。有机畜禽疾病防治通过较为温和的方式避免了各种化工农药和疫苗残留问题,帮助畜禽提高自身的抵抗力。

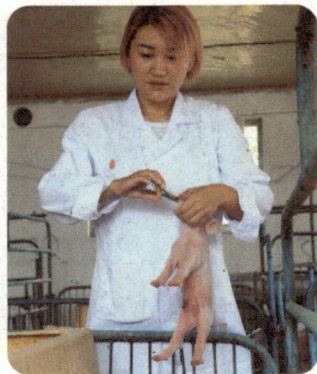
▲ 兽医正在给猪仔治疗

有机畜禽疾病预防原则

根据地区特点,选择适应性强、抗性强的品种;根据畜禽的需要,提供优质的饲料、合适的运动等管理方案;确定合理的养殖密度,防止畜禽密度过大。

▲ 兽医为小鸡检查身体

有机畜禽疾病的治疗方法

有机畜禽疾病的治疗强调自然疗法。自然疗法是指运用各种自然手段来预防和治疗疾病,包括植物疗法、顺势疗法、酸疗法等。

寄生虫的管理与防治

保持最佳营养可以有效防治寄生虫,因此畜禽生长阶段需要为其提供适量的优质有机饲料。保护有机牧场的生物多样性,也是防治寄生虫的重要手段。

▶ 穿防护服的兽医给奶牛场消毒

有机畜禽尽量不使用常规兽药

为有机畜禽治疗疾病时优先考虑使用中草药,但当中草药不能有效地治疗疾病,而顺势疗法、酸疗法等多种预防措施都无效时,可以在兽医的指导下使用常规兽药,但不到万不得已不能随意使用。

对动物的非治疗型手术

有机畜禽养殖的过程中要严格禁止一些不必要的手术,在尽量减少畜禽痛苦的前提下,可以对畜禽采用非治疗型手术,必要时允许使用麻醉剂。

▼ 兽医为小牛检查健康状况

◀ 兽医准备给奶牛接种疫苗

51

有机果蔬采后处理

有机果蔬在采摘后不能直接进入市场,需要通过许多工序来预防果蔬采摘后的病害。对果蔬进行科学处理,可以减少果蔬的损耗,延长果蔬的保鲜、储存时间,保证果蔬的品质。

有机果蔬的采后病害

根据发病时期,有机果蔬采后病害分为三类:生长期感病与发病、生长期感病或带菌而储运期发病、储运期感染与发病。

有机果蔬采后病害的控制方法

有机果蔬采后病害防治的基本原则:预防为主,综合防治。在病害发生之前采取多种措施预防病害,可对一种或多种病害进行综合治理,也可利用多种措施取长补短,综合防治。

采后处理

有机果蔬采摘后需要经过整理与挑选、预冷、清洗和涂蜡、分级、包装、预贮愈伤等一系列的处理环节，这样可以更好地保存果蔬，提高果蔬的价值。

▲ 自动清洗苹果

▶ 挑选有机橘子

有机果蔬储藏

有机果蔬储藏有特定的要求，不能随意堆放，不能受到其他物质的污染，储藏仓库必须干净，无虫害，无有毒物质。

预冷处理

预冷是将食物从采收时的温度迅速降低到适宜的温度。大多数的果蔬需要经过预冷处理，通过这种处理，可以减少果蔬在流通中的各种损耗，有利于保证果蔬的新鲜度、优良品质和在货架上售卖的时长。预冷方式有自然预冷和人工预冷等。不同的预冷方式各有优缺点，需要综合产品类型、现有设备、包装方法等因素进行选择。

▶ 果蔬储藏在冰箱可以延长新鲜度

有机食品

　　随着生活水平的提高，人们越来越关注身体健康，加之对食物口感和品质的追求，更愿意选择有机食品，因此，有机食品的发展趋势也越来越好。

有机食品必须满足的四个条件

　　中国有机食品必须满足以下四个条件：一是有机食品的原料必须是来自有机农场或用有机方式采集的野生天然产品；二是在生产的过程中，必须严格遵守有机食品的加工、包装、储藏、运输标准，不使用化肥、农药等物质，不使用转基因工程产品；三是加工和运输的过程中，有机食品必须与非有机食品分开，而且需要进行隔离，同时还需要建立完整的质量跟踪体系和档案；四是有机食品必须通过专业的有机食品认证机构的认证。

什么是有机食品

　　有机食品是有机产品的一类，指按照有机农业生产方式进行生产，符合有机农业各种标准，通过有机食品认证机构认证的食品。

▲ 有机蔬菜

有机食品的分类

　　有机食品也就是我们常说的有机农产品，包括谷物、蔬菜、水果、饮料、奶类、禽畜产品、调料、油类、食用菌、蜂蜜、水产品等。

消费者消费有机食品的原因

　　消费者消费有机食品的原因有三点：一是健康原因，二是环境原因，三是伦理原因。伦理原因是指消费者出于对自然和动物的尊重，或为支持当地小农户生产者而选择有机食品。

有机食品的消费趋势

　　有机食品无污染、品质好、安全性较高，这些特点吸引了越来越多的消费者。有机食品的产品种类将会更加丰富和多样化，能满足不同消费者的需求。

55

有机食品加工原则

　　与普通食品加工相比，有机食品加工的要求更加严格，人们不仅需要考虑制作过程中的食品安全问题，还需要关注对环境的影响。有机食品加工需要注意以下几项基本原则。

可持续发展原则

　　有机农业的核心是建立和恢复农业生态系统的生物多样性和良性循环。因此，有机食品加工过程中需要遵循可持续发展原则，保护环境，并确保产品的质量和安全。

▲ 有机肉类加工包装

营养物质最小损失原则

　　有机食品中含有丰富的营养物质，有益于人们的身体健康。在对有机食品进行加工的过程中，需要尽量保持原有的营养成分，减少损耗。

▼ 有机水果加工

加工过程无污染原则和环境无污染原则

食品加工是一个复杂的过程，在这个过程中需要避免有机食品被污染。有机食品加工企业还需要考虑有机食品的加工是否会对环境造成污染，应尽可能避免对环境造成影响。

保障加工过程无污染需要注意什么？

首先，明确加工原料的来源，确保有机食品原料是获得有机食品认证机构认证的，添加的辅料也尽量使用认证产品；其次，完善企业管理，有机食品加工厂的选址需要符合标准，工厂内部的布置需要符合要求，卫生条件必须达到标准，能够通过认证人员的考查；再次，加工设备的材质必须对人体无害，加工过程中要采用合适的加工工艺、储藏方法和运输方法；最后，有机食品加工厂还需要加强人员的相关技术培训。

产品的可追踪原则

有机食品要求可以追踪其从原材料到最终变为产品的整个过程。通过追踪，可以敦促有机产品生产者更加注意食品安全问题，提高责任意识，从而保障产品的质量。

◀ 有机杂粮面包

有机食品加工厂选址

有机食品加工厂是有机食品最终成为产品的一个重要场所。由于加工厂的地理位置和环境会在很大程度上影响有机食品的质量，因此加工厂选址需要结合多方面因素考虑，不能随意选择。

地势较高

选址时需要注意地势的高低。较高且有一定坡度的地势可以防止地下水对建筑构成威胁，还有利于废水的排放。

水源丰富，水质良好

食品加工过程中会使用大量的水，丰富的水源可以满足食品加工的需要。因此，有机食品加工厂选址时要对水质进行检测，确保水质符合一定的要求和国家标准。

土质良好，利于绿化

有机食品加工厂对环境也是有一定要求的，需要远离污染源，还要防止工厂对环境的污染。因此，选址时可以选择土质良好、利于植物生长的地区，便于绿化，避免污染。

交通便利

有机食品加工厂不仅要对有机食品原材料进行处理，还要将成品运输出去。运输对有机食品加工厂来说非常重要，在选址时，需要选择交通便利的地区。

有机食品生产基地的有效期

我国有机食品生产基地并不是申请一次之后就永久有效。为了保障有机食品安全，我国将有机食品生产基地有效期定为 4 年。有效期期满之后需要环保部门复核，通过复核的有机食品生产基地有效期延长 4 年，反之则被撤销认证。

59

有机食品的销售

有机食品虽然越来越受到人们的重视，消费者数量也在不断地增多，但有机食品的发展还是受到了一些因素的影响。这些因素主要分为以下几类。

▲ 超市里的有机食品

价格因素

有机食品的生产成本较高，价格普遍高于普通食品价格。一些有机食品的价格是普通食品价格的两三倍，部分消费者不能接受。

大众认可度不高

部分消费者并不认为有机食品比普通食品的营养价值更丰富、质量更好。另外，市场上假冒有机食品的流通，也使消费者对有机食品质量产生怀疑。

流通渠道不通畅

　　由于有机食品产量有限，不能完全满足消费者对有机食品的需求，导致有机食品的供应链不稳定，影响了流通渠道的顺畅。

▲ 超市的有机食品宣传屏

▼ 销售有机苹果

宣传力度不够

　　虽然有机农业发展态势较好，但很多人对有机农业和有机产品了解较少，原因主要是缺乏强有力的宣传。

▶ 有机樱桃

有机产品价格高的原因

　　有机产品的价格远远高于常规产品，主要原因是有机产品在生产、销售、认证等方面的成本投入较高。有机农业不能使用化学除草剂，需要花费大量时间进行人工除草，劳动力投入很高。普通农场成为有机农场需要两至三年的转换期，并且有机农场的产出周期长，有机农场基地必须符合有机农业的要求，产品还需经过专业机构的认证。这些因素使得有机农业的生产成本远远高于普通产品，产品价格自然也高。

61

有机食品市场

目前来看,有机农业发展前景很好,有机食品的市场在不断扩大。虽然仍有一些因素影响有机食品的销售,但我们可以采取一些措施促进有机食品的消费,培育其消费市场。

中国人"偏爱"的有机食品

国内有机食品市场上,牛奶、奶制品和红葡萄酒格外受欢迎,特别是有机婴幼儿配方奶粉需求量很大。而有机植物类产品和其他有机产品,在市场上受欢迎程度相对较低。

▲ 有机牛奶

拓宽国内外市场

我们要发展有机农业,不仅需要拉动国内市场的消费,还需要关注需求量大的国外市场。有机食品生产者可积极参加国内外相关展会,展示产品,与客户建立联系。此外,还需不断研发新产品,提升竞争力。

▼ 消费者在超市选购有机食品

▲ 国外有机产品专卖店

改善销售渠道

　　在我国，有机食品的销售渠道与常规食品的销售渠道存在部分重叠，这使得人们很难从中分辨出有机食品。有条件的地方可增加有机食品专卖店，方便消费者购买。

提高大众消费意识

　　有机食品生产者可以通过网络媒体进行多方面宣传，推广有机食品相关知识，使人们加深了解，提高人们消费有机食品的意识，这样可以推动有机食品市场的发展。

▶ 消费者在网上选购有机食品

63

有机农业检查与认证

　　有机产品想在市场上正常流通,就需要通过有机农业认证机构的检查与认证。有机农业的检查与认证是有机农业生产必不可少的环节,并非所有产品都能通过。

什么是有机农业的检查与认证

　　有机农业的认证分为蔬菜、水果、养殖、加工认证。有机农业认证是由认证机构根据认证标准对有机农业生产或加工企业进行实地检查,然后对合格的企业颁发证书的过程。

有机农业检查与认证的意义

　　检查与认证在有机产品的生产和销售中起着重要作用,可以在很大程度上保障有机产品的质量,维持有机市场的秩序,建立消费者对有机产品的认可度。

有机认证机构的选择

　　我国有机认证机构都是由国家认证认可监督管理委员会管理的,只有由认证认可监督管理委员会批准的合法机构颁发的证书才是合法的。有机认证机构之间的差异很大,需要认真仔细筛选,最好选择更专业、更严谨的认证机构。

▼ 对有机
食品进行检查

有机农业检查与认证的过程

　　有机农业的检查与认证是一个复杂的过程，需要经过多个流程：申请者提交申请表格，认证机构评审申请表，认证机构进行检查准备和实施检查，认证机构作出认证决定。

有机农业检查与认证的结果

　　对于完全符合有机食品标准的产品，颁发有机食品证书；对于基本符合标准的产品，申请人书面承诺按要求整改的也可以颁发证书；申请产品达不到有机食品标准的，拒绝颁发证书，并说明理由。

检查与认证的目的

　　人们判断一个产品是否是有机产品，要看产品是否通过有机农业检查与认证，是否贴上了有机认证标签。有机农业检查与认证机构，可以建立消费者和生产者之间的联系，帮助人们识别有机产品。

保障有机农业生产持续进行

　　有机农业的生产者需要不断对有机产品的生产过程进行记录，坚持有机农业生产方式，确保每个程序都符合要求。

区分真假有机产品

只有通过有机农业检查与认证的有机产品，才是真正的有机产品。对有机产品进行检查与认证，可以让消费者树立对有机农业的信心，生活更安心。

▲ 消费者用手机扫描二维码，区分真假有机产品

实现有机产品公平贸易

通过有机农业检查与认证可以区分出真正的有机产品，减少假冒产品，避免有机产品贸易中的欺诈问题，有利于有机产品贸易的公平进行。

▶ 有机香蕉

有机产品生产和贸易的桥梁

有机农业检查与认证是有机产品由生产成品到成为贸易商品的桥梁，可以促进有机产品的推广与销售。

◀ 有机苹果须进行检查与认证

有机农业标准

有机农业标准指有机农业生产、加工和销售过程中所遵循的一系列规范和标准，它结合了世界有机农业发展的现状，有助于保障有机产品的质量和安全。符合有机农业标准的产品才能被称为有机产品。

有机农业标准的三个层次

目前来看，全球的有机农业标准分成了三个层次，分别是私人标准、国家标准、国际标准。这些标准虽然存在一定的差异，但是整体来看，都保障了有机农业生产与发展的规范性。

有机农业标准的作用

有机农业标准对有机农业的生产、产品认证、消费者权益保障都有重要的作用。它可以规范生产者所从事的有机农业生产过程，是认证机构认证有机产品的依据，可以保障消费者和生产者的权益。

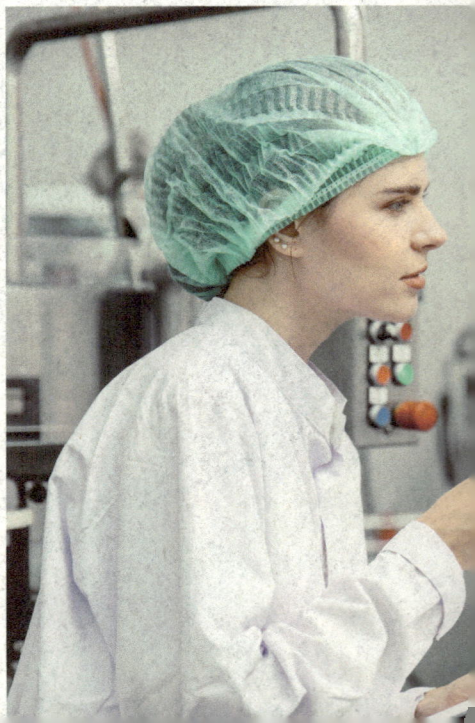

有机农业标准制定的原则

有机农业标准的制定并非一件简单的事，需要遵循以下原则：为消费者提供优质、安全的食品，保护生态多样性，保持和增强土壤肥力，最大限度减少污染。

中国有机农业标准

中国有机农业标准是在借鉴国际有机农业运动联盟（IFOAM）基本标准、国际食品法典、欧盟有机农业生产规定、美国国家有机标准的基础上，结合我国实际情况，制定的符合我国国情的有机农业标准。

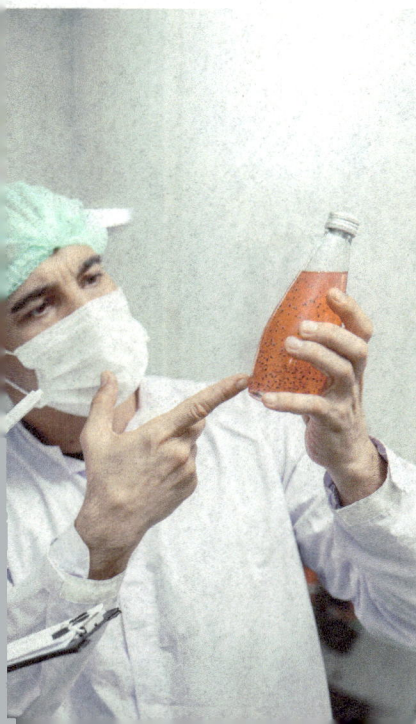

◀ 对有机产品生产企业进行检查

▶ 有机西瓜

有机农业质量管理体系

　　有机产品的质量是一个必须被重视的问题。为了能更好地监管有机产品的质量，很多国家都建立了有机农业质量管理体系，对有机产品质量控制提出了严格的要求。

质量管理体系建立

　　有机产品与常规产品从外表上很难直接区分，想要证明某种食品是有机产品，就需要对产品的生产、加工等各个环节进行监管，使有机产品的质量得到保证。

▲ 对有机产品的生产和加工进行监管

外部质量控制

　　认证机构派遣人员对有机农业生产的过程进行检查和监督，并对符合标准的产品颁发证书。

内部质量控制

　　有机农业的内部质量控制是指对有机农业的生产、加工、贸易、服务等各个方面进行规范和约束，从而形成一系列管理体系，包括组织管理体系、质量管理手册、内部规程、文档记录体系等。

质量控制与内部检查

　　内部检查是实现有机农业内部质量控制的一个重要手段，由内部不参与生产、销售且负责质量管理的人员进行检查；检查过程需要编写成报告，将所有有机生产活动详细记录下来。

▶ 内部检查人员需要对内部检查进行记录并负责

有机产品出现质量问题怎么办？
　　有机产品都是经过认证符合标准的产品，消费者一旦发现产品存在质量问题，就可以通过有机产品的认证标志追踪到有机认证机构。认证机构对有机产品的认证存有记录，可以通过产品的批号和相应的文档追查到产品的生产地区与生产者。通过有机农业质量管理体系可以快速查询问题产品的流通去向，快速召回产品，同时快速确定是哪一环节出现了质量问题，便于生产者尽快解决问题。

中国有机农业的发展

20世纪80年代,在探寻中国现代农业发展的道路上,许多人开始关注有机农业。至今,有机农业在中国发展了近半个世纪,并呈现出了良好的发展态势。

▲ 有机农田里劳作的农民

▼ 采茶的农民

探索农业新道路

有机农业是在传统农业的基础上发展的,是现代农业的一个分支,让现代农业发展呈现出多种可能性。

中国有机农业三个发展阶段

自1978年以来,有机农业在中国经历了三个发展阶段,分别是初步发展阶段、发展阶段、继续提升阶段。

初步发展阶段:有机农业开始在中国得到一定的发展,国家没有制定和实施有机产品认证的标准。

发展阶段:国家不断地制定和完善有机产品认证的标准,推动有机产品规范化。

继续提升阶段:有机产品的认证更加严格,生产和销售更加规范化,提高了有机产品的质量,保障了消费者的权益,保护了生态环境的可持续发展。

发展区域不断扩大

我国有机农业生产基地，大多位于沿海地区和东北地区。另外，凭借地理优势和政府支持，贵州、云南、新疆、甘肃等西部地区的有机农业也得到了较大的发展。

▼ 有机水果

市场规模不断扩大

随着人们对健康饮食的关注和追求，有机产品的需求在不断扩大。在国家政策的支持和鼓励下，有机农业将获得更多的发展机会，市场规模也会不断扩大。

◀ 对有机产品进行检测

监管力度不断加强

国家不断修改和完善有机产品的标准，对有机产品的生产、加工、经营等方方面面进行约束。监管力度的加强，将有效保障有机产品的质量。

73

中国有机农业的优势

中国有机农业已经发展了近半个世纪，发展态势较好。中国具有发展有机农业的多项优势，这些优势推动了有机农业的持续发展。

历史优势

中国是一个农业大国，传统农业几千年经久不衰，其间积累的大量宝贵经验，为有机农业的发展提供了有力支持。

◀ 收割水稻

劳动力优势

有机农业的发展离不开人，许多环节都需要人的参与。中国作为人口大国，拥有充足的农村劳动力资源，这为有机农业的发展提供了稳固的劳动保障。

▼ 在农田里收西瓜的农民

农业资源优势

中国地大物博，存在各种地形和气候条件，自然环境多样，动植物资源丰富，为有机农业生产提供了多种可能性。

强大的国内外市场需求

随着人们对食品安全和个人健康的关注，国内外有机产品的市场需求不断增加，为中国有机农业的发展提供了广阔的市场空间。

▲ 消费者在购买有机水果

国际有机标准的互认

全球多个国家和地区建立了自己的有机标准或法律。各个国家之间想要实现有机产品互通，就需要积极寻求有机标准与法律体系的互认。有机标准互认可以推动有机产品国际贸易发展。有机标准互认包括：标准的双边互认、对认可程序的承认、对认证机构的认可。

▶ 随着人们生活水平的提高，越来越多的家庭选择有机产品

发展中的问题

中国有机农业发展潜力很大,发展势头不断增强,但是还存在一些问题。解决好这些问题,能更好地推进我国有机农业走向成熟。

耕种面积限制

我国人口众多,但耕地面积比较少,粮食的需求量很大。出于国家粮食安全方面的考虑,不能盲目扩大有机农业规模,需要因地制宜,稳步推进。

▼农民在农田里收获红薯

▲ 梯田和水稻

地域发展不平衡

由于地区经济发展水平不同、自然条件限制及一些地方政府对有机农业发展缺少足够的政策支持和补贴,各地区有机农业发展存在差异。

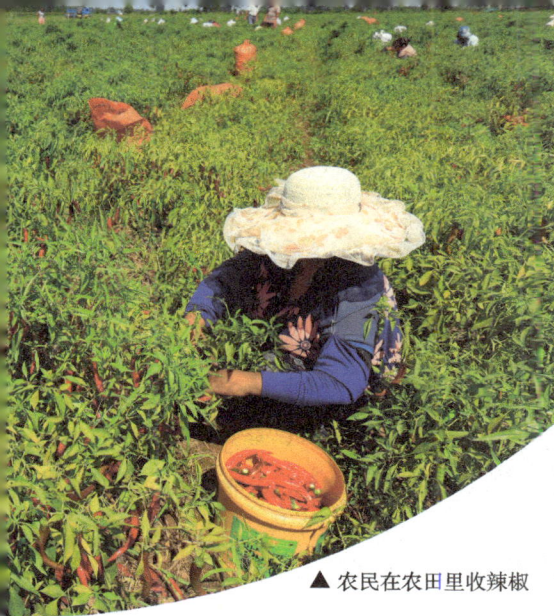

▲ 农民在农田里收辣椒

市场体系不规范

    我国有机农业还未形成规范有序的市场体系，消费者很难区分有机产品和常规产品。一些假冒伪劣的有机产品充斥市场，扰乱了有机农业市场秩序，阻碍了有机农业的发展。

中国有机农业地域发展差异

    我国有机产品主要有两大生产区：一个是我国的东北地区，主要生产豆类和谷物；另一个是东部和南部沿海地区，主要生产有机蔬菜、有机茶等。西部地区有机农业发展相对缓慢，虽然近些年得到了推进，但与东部地区相比还是存在较大的差距。

▶ 消费者在超市挑选有机蔬菜

发展有机农业的意义

中国在经济快速发展的同时，越来越关注生态环境。而有机农业的蓬勃发展，不仅能推动我国农业产业升级，也能保护环境，同时有利于社会经济的可持续发展。

▲ 有机农业有助于保护生物多样性

有利于环境保护

现代农业大量使用化肥、农药等，对环境造成污染。发展有机农业可以改善和恢复农业生产环境，缓解水土流失，保护生物多样性。

提供优质健康的食品

近年来，越来越多的研究证明，化学农药残留会对人体造成伤害。有机农业不使用化学农药，生产的产品会更加优质、健康。

▼ 中国是世界第四大有机食品消费国

▲ 工人们在进行有机肉类加工

蔬菜安全等级

我国蔬菜依照食品安全等级递增原则,划分为三类:无公害蔬菜、绿色蔬菜、有机蔬菜。无公害蔬菜指没有受有害物质污染的蔬菜。绿色蔬菜指经过专门机构认证且有绿色食品标志的无公害蔬菜。有机蔬菜也叫生态蔬菜,是最安全、最优质的蔬菜。

增加就业机会

有机农业的发展需要大量劳动力,因此创造了许多就业岗位。这在一定程度上缓解了就业压力,增加了劳动者的收入。

▶ 有机玉米

▲ 有机蔬菜

促进经济发展

有机农业的发展可以增强我国农产品的竞争力,打开更加广阔的国内外市场,推动我国经济发展。

79

有机农业的品牌化

　　品牌化可以帮助有机农业增加影响力和竞争力，在市场上获得更高的知名度和认可度，让有机农业更好地走向国际市场。

优良品种

　　在有机农业生产过程中，筛选优良的品种非常重要。同样的蔬菜或水果，优良品种加工出的食品更加优质或美味，更受人们的欢迎，能卖出更好的价格。

▲ 采摘有机樱桃

◀ 中国农产品博览会展示产品

中国有机产品营销方式

中国有机产品的营销方式正朝着多元化方向发展，不仅使用传统的营销方式，还通过广播、电视、新媒体等平台大力宣传，通过举办各类有机农产品博览会和展览会积极推广。

优良品质

　　优良的品质对有机农业品牌化来说非常重要。一个品牌想要树立良好的口碑，就一定离不开高品质和优质服务。有机农业的品牌想要做大做强，需要好品质强有力的支撑。

▶ 樱桃装箱

产品具有特色

树立中国的有机农业品牌，需要将地方特色产品与传统文化相结合，体现出产品独特的文化附加值，增加竞争力。

▲ 筛选优良的樱桃

各国不同的营销方式

很多国家会结合国情，选择不同的有机产品营销方式。欧洲有机产品以天然食品店、专营超市、有机产品展览会等渠道进行营销。普通商超和直销店是美国有机产品的主要销售渠道。日本有机产品有六种营销方式，分别是产地营销、农产品物流宅配营销、农产品协会交流营销、农产品超市营销、农产品连锁店品牌营销、企业与国外有机农场订单式合作营销。

▲ 包装后的樱桃在超市销售

营销方式精准

市场上流通的商品太多，有机产品要得到更多的关注和了解，离不开宣传与营销。在进行营销之前，需要做好市场调查，拟订可行的营销方案。

有机农业与环境保护

　　只要人类还生活在地球上，环境保护就是永恒的主题。有机农业既生产粮食，又维护生态平衡，是连接人类健康与环境保护的桥梁。

土壤保护

　　有机农业的核心是土壤保护，常用的方法有轮作、间作、覆盖作物、施有机肥和少耕法等。这些方法可刺激土壤中动植物的生长，有效改善土壤结构。

水源保护

　　在许多地区，地下水会受到化肥和农药的污染。有机农业使用有机肥料，大大减少了地下水被污染的风险。

▲ 轮作有助于减缓土壤侵蚀并保持土壤肥力

▶ 有机肥料

▼ 水质检测

生态入侵

　　生态入侵指外来物种进入新的生态环境区域后，依靠自身的强大生存竞争力，造成当地生物多样性的丧失或削弱的现象。其根本原因是人类在活动过程中，有意或无意地将某些物种带到了它们本不应该出现的地方。

　　水葫芦、水花生、薇甘菊等8种入侵植物给农林业带来了严重危害，可谓生物多样性保护的头号敌人。

▶ 水葫芦

▼ 土质检测

空气保护

　　有机农业通过减少对化肥和农药的需求，来降低农业生产对空气的污染。同时，有机农业种植覆盖作物，提升土壤肥力，减少土壤风蚀和水蚀，进一步减少了对空气的污染。

小龙虾

　　很多人都吃过肉质鲜美的小龙虾，其实它就是入侵物种之一。1929年，日本人将小龙虾带到中国南京，小龙虾最初用作养殖饲料，后来被推广到多地养殖。不过，小龙虾并没有对我国的环境造成严重危害，如今已经成为中国人餐桌上的美食。

▲ 小龙虾

▲ 蚜虫侵害植物

生物多样性

　　没有化学投入物的有机农区，为野生动植物创造了有利的生存环境。那些有利于有机农业的生物，如授粉者、害虫天敌等，在有机农区获得了食物和庇护。

◄ 蜜蜂授粉

有机农业与生态平衡

发展有机农业的一大好处就是能够保持生态平衡，那么什么叫生态平衡？生态失衡会有什么影响？有机农业又是通过怎样的运作方式，影响并维持生态平衡的呢？

夏威夷的蜗牛灾

20世纪30年代，一些商人把非洲的大蜗牛运到夏威夷群岛，供人养殖食用。有的蜗牛老了，不能食用，就被扔到野外。可是不到几年，蜗牛大量繁殖，遍地都是，把蔬菜、水果啃得乱七八糟。人们四处喷化学药剂，连续15年翻耕土地，不仅没能除净泛滥的蜗牛，还对生态环境造成了极大的破坏。

▲ 蜗牛

生态平衡

生态平衡指在一定时间内，大自然中的生物和环境、生物和生物之间达到高度适应、协调统一的状态。这种平衡即使受到外界的干扰，也可以通过自我调节恢复到初始的稳定状态。

▶ 水土流失

生态失衡

人类的很多活动都会破坏生态平衡。若生态系统失去平衡，就会爆发诸多自然灾害，比如水土流失、水资源短缺、极端天气。

▼ 干旱

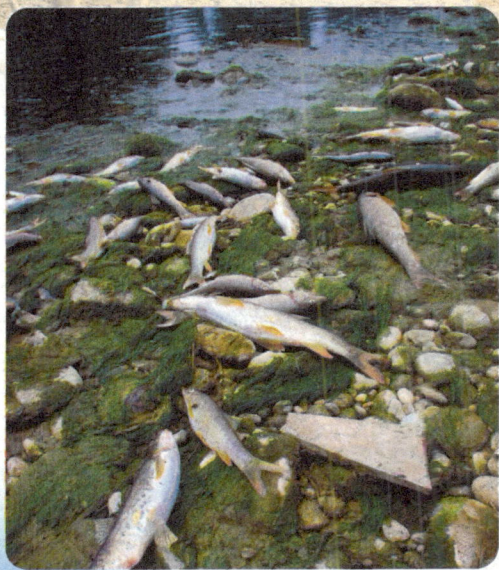

▲农药污染导致鱼类死亡

恶性循环

　　传统农业长期使用农药、化肥等化学物质，导致生态失调，土壤肥力下降。在这种不间断的农业耕作下，不能停止使用化肥，否则产量就会降低，继而陷入一种恶性循环。

▶ 农药污染

良性循环

　　有机农业在生产中完全或基本不使用人工合成的化学制品，可以改善传统农业带来的不良影响，从恶性循环中拯救岌岌可危的生态平衡，建立一种良性循环。

农药污染

　　农药污染往往残存于生物体、农副产品及环境中。残留的农药保留在土壤中，可能对大气及地下水造成污染，破坏生态系统，引发人和动植物急性或慢性中毒。

　　据世界卫生组织报道，发展中国家的农民由于缺乏科学知识和安全措施，每年约有200万人农药中毒，其中有4万人死亡，平均每10分钟就有38人中毒，每13分钟有1人死亡。

有机农业的趋势

　　有机农业不断发展，潜力越来越大，未来将会更受重视。目前，世界各地有机农业的发展呈现出以下几种趋势。

有机农业生产和需求继续增长

　　随着人们对有机农业的认识和接受，有机农业市场将不断扩大，会有越来越多的生产者选择加入有机农业生产行业，有机产品需求也将进一步扩大。

◀ 消费者购买有机食品

有机农业统计工作不断完善

　　为了有机农业的长期发展，各国政府和机构投入资金完善有机农业相关数据。目前，有不少机构一直在努力统计有机农业数据，比如德国中央市场和价格报告委员会（ZMP）、英国农村科学研究所（IRS）、瑞士有机农业研究所（FiBL）等。

从关心环保到关注食品安全

　　近些年曝出的食品问题，让人们更加关注食品安全。有机农业发展的最初目的主要是环保，而现在越来越多的人认识到有机食品对身体的益处。

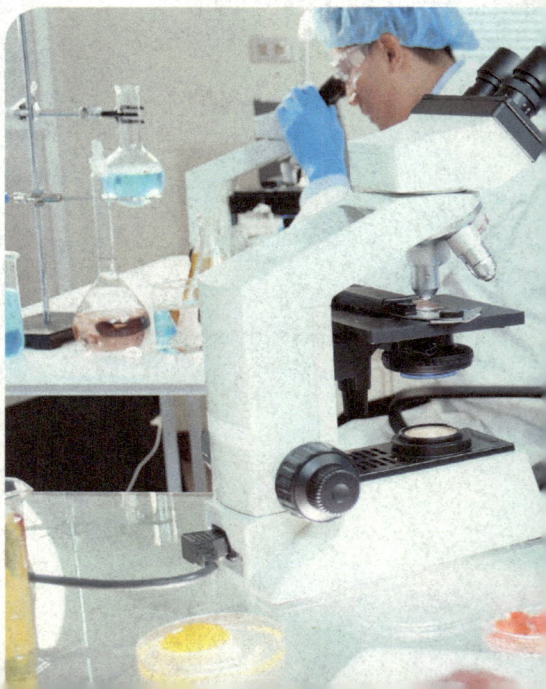

▲ 超市销售的有机果蔬

全球贸易壁垒的出现和协调

全球有 80 多个国家和地区制定了有机农业的相关标准和规定，但各国的规定之间存在差异，这导致有机农业出口可能存在贸易壁垒的隐患。

不同的有机农业政策

政策具有导向作用。各国国情不同，有机农业相关政策体现出的关注点也就不同。不仅各国有机农业政策不同，在同一个国家的不同地区，有机农业的政策也存在差异。

政策支持的加强

有机农业在世界上获得了广泛认可，越来越多的国家关注、重视有机农业。很多国家颁布了有机农业的相关政策，旨在促进有机农业进一步发展。

◀ 对有机食品进行安全检查

87

有机农业的未来

人们对食品安全问题的关注度持续提升，对有机食品的需求逐日增强。毫无疑问，有机食品市场将会是未来的重点投资领域，有机农业将成为人们生活的一部分。

互联网＋有机农业

互联网为有机农业提供了更加广阔的平台，有机产品可以通过互联网进行宣传和销售。有机农场通过直营电商模式，利用各种线上平台对有机产品进行销售，让更多的消费者了解和购买有机产品。

日常生活方式

随着有机农业的发展和市场需求的增长，有机食品将走进更多的家庭，成为人人都能享用的健康食品。

产品产业链

资源整合是企业对外扩张时首选的方式之一，很多有机产品的生产加工企业也开始整合资源，构造产业链，比如从芝麻的种植到芝麻的加工品，再到芝麻及加工品的销售。企业若将市场主动权牢牢把握在自己手中，则能更好地保持优势，提升竞争力。

▲ 消费者在网上购买有机产品

▲ 消费者在有机产品专卖店购买有机产品

新兴媒体宣传

现在，大多数人都能接触到新兴媒体，企业在新兴媒体上的运营形式也逐渐多样化，传统营销效果已日益减弱。通过新兴媒体宣传有机产品，能达到事半功倍的效果。

▼ 有机产品送货上门

走向国际市场

近些年，有机农业生产方式在 100 多个国家得到了推广。我国加入世界贸易组织后，农产品的品质和发展模式就不断与国际市场接轨，在这种形势下，大力发展有机农业是我国农业走向世界的必由之路。